RÉPONSE

A un Rapport de M. REYNAL, chef de service à l'École impériale vétérinaire d'Alfort, discuté à la Société Impériale et Centrale de médecine vétérinaire, dans la séance extraordinaire du 22 janvier 1857;

PAR

M. L.-E. PLASSE
Membre correspondant de cette Société et de plusieurs Corps savants

Messieurs,

Dans le rapport concernant mes travaux sur lesquels M. le Ministre de l'agriculture, du commerce et des travaux publics a demandé votre avis, la partie qui a trait à la forme est le sujet d'une critique qui paraîtra peu digne d'une réponse à une pièce officielle, et d'un corps savant ayant mission d'éclairer le ministre sur une question d'un haut intérêt.

J'ai la pensée, Messieurs, qu'après de mûres réflexions, vous retrancherez du rapport ce qui est relatif à la forme, comme étant, du reste, ici un hors-d'œuvre.

Quant au fond, je ferai tout d'abord remarquer que le rapporteur est en contradiction avec lui-même ; car il dit en débutant: « Dans l'ouvrage de M. Plasse, on » cherche en vain ce qu'il appelle sa doctrine cryptoga- » mique; » et cependant M. Reynal reproduit parfaitement mon système, qu'il eût pu concentrer davantage. Il était inutile de rendre un compte isolé de chacun de mes ouvrages, puisqu'ils sont établis l'un et l'autre sur les deux propositions suivantes que je suis parvenu à formuler :

1° La cause *directe* ou *première* des épizooties et des épidémies de nature typhoïde et infectieuse, se trouve, *constamment*, dans l'usage d'une nourriture contenant des cryptogames.

2° *Les airs*, *les eaux et les lieux* n'interviennent, dans la manifestation de ces maladies, que d'une manière *indirecte* et par conséquent *secondaire*.

Il eût fallu, dans l'intérêt de la question, tout en exposant mes principes, faire ressortir ma méthode d'investigation dont je donne plus loin un aperçu.

On prétend réfuter la valeur de mes principes en cryptogamie, en disant qu'au point de vue de la science, je devrais déterminer les espèces qui produisent telle ou telle maladie. L'objection serait fondée, si les affections cryptogamiques des animaux se produisaient par des phénomènes semblables à ceux qui causent les maladies des plantes.

Ici c'est un parasite qui, par une grande subtilité aériforme fécondante, envahit tel ou tel végétal qu'il adopte, et sur lequel il s'implante, pour y exercer ses ravages avec d'autant plus d'empire qu'il est doué d'une vie animalisée.

Chez les êtres du premier règne, au contraire, les phénomènes des maladies spontanées, très-saisissables, résultent d'une intoxication produite par un ou plusieurs groupes de ces petits végétaux, souvent très-variés, et se développant sur les substances alimentaires inertes à l'état d'approvisionnement, qui les introduisent avec elles dans l'économie animale. Ces vérités sont plus appréciables que dans le premier cas, et l'on peut toujours y remédier de manière à prévenir le danger par des moyens très-simples, décrits dans mon ouvrage.

Quant à désigner les espèces ou variétés qui causent les maladies infectieuses, on en concevra toute la difficulté dès qu'on saura que chaque espèce de fourrage, de grains, de farines, de viande, de poissons secs ou salés présente des groupes de cryptogames très-dissemblables entre eux, variant encore suivant les localités, les saisons, les climats, etc., et que la même maladie peut être produite par des champignons différents.

Ne suffit-il pas de constater sur les aliments la présence de ces végétaux vénéneux, toutes les fois qu'il y a, spontanément, une maladie infectieuse, et de prouver que ces maux ne peuvent exister s'il n'y a eu, préalablement, ingestion de ces plantes microscopiques? Telle est la base de mes idées; j'y tiens plus qu'à la vie (1).

(1) D'après les travaux de Persoon et de Bulliard, les champignons angiocarpes (fructification intérieure) comprennent dans leur seconde

Fort de ces faits incontestables, je vous demande moi-même de me produire vos *effluves*, vos *constitutions médicales*, votre *génie epidémique!* Oh! en pratique vous ne pourrez répondre, et mes cryptogames auront fait taire vos rêveries, vos hypothèses.

L'auteur du rapport eût désiré me voir produire des faits cliniques: ici, le titre de mes ouvrages renferme ma réponse; car, ne traitant que l'*étiologie*, je ne pouvais pas parler de *pathologie*. Il est en effet évident que, con-

division, dite des gymnospermes (pleins de séminules pulvérulentes):

1° Les *rouilles* qui se développent avec tant de variations sous l'épiderme des plantes, qu'elles décolorent et déforment en brisant leur épiderme et leur parenchyme;

2° Les *moisissures* à réceptacles capituliformes d'abord, pellucides, et puis opaques, qui infectent tant de substances, sans en excepter celles que semblent devoir défendre les sels et les liquides astringents ou acides les plus accrédités pour la conservation des matières animales.

C'est à ces deux subdivisions que se sont principalement appliquées nos observations spéciales, tendant bien moins à des distinctions surabondantes de couleur et de forme, qu'à l'estimation et au rapprochement de leurs effets dans des conditions analogues de constitution géologique et de température.

En effet, que nous font les teintes si tranchées d'un puccinia, d'un œcidium ou d'un des innombrables uredo dont des graminées et des légumineuses peuvent être entachées, si leur présence, à différents degrés d'extension et de maturation, se montre, ce que je pourrais dire fidèlement, en rapport direct avec l'apparition et l'intensité des maladies typhoïdes, que ces parasites eux-mêmes m'ont conduit à qualifier de *cryptogamiques*?

Ne m'a-t-il pas suffi de constater que les plantes exemptes de ces taches produisent toujours des liquides et des solides acceptables par l'organisme, tandis que la nature, révoltée, pour ainsi parler, contre l'assimilation précipitée de principes répudiables, ne tarde pas à poser le dilemme de leur expulsion ou de la mort.

Et que sont, s'il vous plait, Messieurs, les phénomènes des impetigos, des dartres, des éléphantiasis, des engorgements scrofuleux, enfin de ces fièvres ardentes typhoïdes, où la vie soulève ses forces contre l'agent désorganisateur, sinon le travail d'élimination d'une nature perturbée, avec ses crises et ses temps d'arrêts?

Si, quelque jour, les progrès de la science ou de la spécification en tout genre parviennent à vulgariser la connaissance des formes et des aspects de la cryptogamie microscopique, à l'instar des travaux du savant d'Orbigny pour la conchyliologie des sables fossiles, ou à démontrer, comme il l'a fait, par l'ampliation des modèles plastiques, tout un nouveau monde de formes en dehors de ce qui est connu, vous comprendrez, Messieurs, que ce ne sont ni la forme ovoïde ou sphérique, ni l'ombelle frangée, entière ou pennatifide des mucor de telle ou telle substance, modifiables en raison de leur degré d'acidité ou de liquéfaction, qui puisse servir d'échelle à l'appréciation des accidents que la production fongueuse, non ossifiable, transporte généralement dans l'économie.

naissant la *cause* et la *nature* des maladies, j'ai beaucoup à dire de leur traitement; je tiens même sur ce sujet un travail prêt à être publié; mais, ayant eu beaucoup à souffrir du silence du *Recueil vétérinaire*, j'attendrai la venue d'un journal moins concentré dans ses affections intimes.

Au reproche de n'avoir pas fait d'inoculations, je répondrai : Mais vous, vos expériences théoriques ne vous ont-elles pas induits en erreur jusqu'à vous faire considérer la morve comme *non contagieuse?* votre opinion sur ce point n'a-t-elle pas porté le tribunal d'Avalon à juger en ce sens? D'où vient que vous donnez à la paille le pas sur le foin? que vous avez, *sans succès direct*, fait rebuter, eu égard à la *morve*, des étables, des écuries, des casernes?

Croyez-le, Messieurs, les nombreux faits pratiques raisonnés, pris sur les lieux que je vous ai cités, valent, sans contredit, des réflexions de cabinet élaborées suivant les théories de vos établissements.

Rapprochez-vous des praticiens; ils vous ont déjà plus d'une fois fait taire. L'orage peut grossir sans doute; mais il est à craindre que si vous persistez dans cette fausse voie, votre talent, votre crédit et le monopole de la presse ne nous conduisent à des résultats regrettables pour tous.

M. Reynal parle de lacunes et d'imperfections dans mon système, sans en citer aucune de viable; tandis que, plus édifié que lui, non-seulement je signale les lacunes et les imperfections des théories sur lesquelles il s'appuie, mais encore je viens les combler *définitivement*, et faire enfin, aux doctrines qu'il professe, une position *secondaire* qui leur appartient, et que, pour le bien de tous, elles auraient dû avoir depuis plusieurs siècles.

On sait que chaque contrée a son typhus plus ou moins intense; mais pourquoi me faire dire que toutes les races de bœufs peuvent contracter partout, par les fourrages moisis, le typhus épizootique particulier aux steppes de la Russie et de la Hongrie, au lieu de produire fidèlement ce que j'ai écrit, savoir : *que toutes les races de bœufs, transportées en Russie et en Hongrie, peuvent y contracter le typhus épizootique par les fourrages moisis de ces contrées* ?

Pourquoi dire à tout propos que je ne démontre rien, quand les *faits pratiques irrécusables* abondent dans mes ouvrages?

Pourquoi dire que *mon système cryptogamique n'est pas nouveau*, et que les cryptogames ont *toujours été considérés comme la cause des épidémies et des épizooties*, quand il est avéré qu'ils n'ont jamais été cités que comme *une des nombreuses causes* auxquelles on attribue ces maladies?

Pourquoi comparer ce que je dis, au sujet des maladies charbonneuses, aux divisions que Chabert et Gilbert ont faites sur ces maux sans rien fixer en étiologie?

Je ne fais point de divisions proprement dites dans ces affections ; j'en distrais une maladie (le mal virulent) qui a toujours été, à tort, confondue avec elles, et qui ne leur ressemble que par les coups rapides et mortels qu'elle frappe.

Je produis, du reste, la *cause* et la *nature* de ce mal, ainsi que les moyens préservatifs, pour laisser les affections charbonneuses à part, en déterminant semblablement leur *cause*, les moyens préservatifs et leurs caractères pathologiques. Tout cela est établi d'une manière fondamentale, sans replique possible ; il ne fallait pas nier ces faits.

Pourquoi taire mes nombreuses et importantes *prévisions* au sujet des épizooties et des épidémies de 1853 et 1854, aussitôt les mauvaises récoltes de 1852 et 1853, *pour les lieux seulement où les aliments mal préparés et mal logés seraient cryptogamisés*, quand ces faits émouvants, que vous passez sous silence, constituent, à eux seuls, la partie principale et le titre de ma brochure que le ministre vous a renvoyée pour en obtenir une analyse?

Ma lettre du 26 octobre 1852, adressée au ministre de l'intérieur dans le but de soustraire mon pays aux coups mortels de ces fléaux, n'est-elle pas monumentale!!... Citerai-je de nouveau les noms des nombreuses maisons, des communes même où je me suis ostensiblement transporté, à plusieurs reprises, et auxquelles j'ai écrit afin de les prévenir des sinistres qui les menaçaient *particulièrement*, et qui se sont malheureusement réalisés parce qu'on n'a pas tenu compte de mes officieuses démarches?

Pourquoi taire les *preuves concluantes* que j'ai produites devant le jury de l'école vétérinaire de Toulouse, pour me conformer aux ordres de l'honorable M. Dumas, alors ministre de l'agriculture?

Pourquoi taire la déclaration de ce jury, qui a dit : *Les travanx de M. Plasse méritent un sérieux examen?*

Je crois que si cette *déclaration* était partie de l'école d'Alfort, qui doit tenir à garder son rang, les sciences médicales seraient édifiées aujourd'hui dans leur partie la plus importante et la plus obscure.

Quel homme, en lisant en tête de ces étranges critiques les noms illustres des Renault, Yvart, Leblanc et Boulay, ne serait tenté de s'inquiéter sur l'avenir de mes travaux? Mais je ne les abandonne pas sans examen.

Ces coups de *boulets* ne viennent ni de la rue Faubourg-Poissonnière, ni de la rue de Courcelle; je connais leur point de départ, et ils ont pour mobile ma lettre du 2 novembre 1848, relatée page 448 de mon ouvrage, par laquelle je récusais, auprès du ministre, le jury de l'école vétérinaire d'Alfort, comme juge dans mon affaire (1).

Les rédacteurs du journal de cette école avaient refusé de publier mes travaux; ils en ont néanmoins inséré une

(1) Et il est étonnant que ces Messieurs aient accepté, quand même, cette mission de la part de la Société qui ignorait ce fait.

partie, après l'avoir expérimentée pendant six ans, et en janvier 1851 MM. Boulay et Reynal cherchèrent à s'en emparer en disant : « On trouvera dans les travaux de » M. Plasse (qu'on ne publia que plusieurs mois après), » la confirmation de nos idées. » Et, dans un rapport à M. le ministre, concernant un mémoire de M. Huart sur le crapaud, M. Boulay donne à penser à cet homme d'État que *ma découverte* du traitement curatif de cette maladie appartient à la clinique de l'école d'Alfort, qu'il professe lui-même.

Il reste maintenant à savoir si M. Boulay eût accepté de l'État, sans hésiter, la récompense due à une si précieuse innovation.

Du reste, que m'importe tous ces coups, en ce qui me concerne (1); bombes ou boulets, ils ne me préoccupent pas. Ils ne peuvent m'atteindre que par le retard, et ils ne nuiront qu'à la science et à l'humanité. Mon courage et ma constance ne me feront pas défaut, et l'intérêt de la question triomphera certainement.

Lorsque je débutai, en 1820, comme médecin vétérinaire des épizooties dans les Deux-Sèvres, cette riche contrée était en proie aux maladies les plus meurtrières. Désolé de ne pouvoir alors, pas plus que vous ne le pouvez aujourd'hui, remonter à la source de ces maladies hideuses, je résolus, après avoir étudié les divers systèmes étiologiques connus, de les soumettre à l'expérience, et je m'occupai particulièrement, en ce sens, de celui du célèbre disciple de l'école de Cos, lequel do-

(1) M. Boulay n'a-t-il pas, dans la séance du 13 novembre dernier, fait à la *nouvelle idée* que je propose d'étudier sur le traitement de la *morve*, un accueil qui tient du persiflage? Voilà, comme je l'ai dit, les motifs qui empêchent les praticiens de province de vous envoyer leurs observations.

mine encore aujourd'hui, parce que personne n'a osé franchir cet admirable et stérile monument de la science ancienne.

Quoi qu'il en soit, j'entrepris d'expérimenter ce système, étant, d'ailleurs, bien déterminé à y consacrer ma vie médicale tout entière, dans le but de combler la vaste lacune qu'il laisse derrière lui.

J'ai passé en revue les nombreuses *causes présumées*, je les ai surveillées de saison en saison, d'année en année, et j'attendis de leur influence la venue des maladies. Ce genre d'investigation sans précédent aucun me parut une entreprise hardie, téméraire même, car je n'entrevoyais les chances de succès qu'à travers de grandes difficultés. Cependant je ne pouvais hésiter, car je ne voyais pas d'autres moyens de faire sortir la science du *statu quo* qu'elle n'a gardé, sur ce point, que parce qu'on ne s'émeut véritablement en médecine qu'à la vue des sinistres, et, le plus souvent, lorsque les causes ont disparu.

Permettez-moi de vous exposer en peu de mots la marche que j'ai suivie en cela.

Hippocrate attribue les maladies générales aux *eaux*, aux *airs* et aux *lieux*, et, trouvant lui-même son système en défaut, il imagina le *génie épidémique*, fiction que je renvoyai tout d'abord au temps de son origine, et à laquelle je donne néanmoins ici une interprétation digne de l'auteur; je fis marcher de front avec les causes présumées l'influence de la nourriture.

J'ai étudié premièrement, sous le rapport géologique, le pays, dont j'ai fait faire une carte que j'ai jointe à mon ouvrage.

Des airs.

J'ai vu surgir des épizooties et des épidémies à la suite

des décompositions organiques, comme au milieu des perturbations atmosphériques; je les ai vues aussi très-souvent naître dans des conditions diamétralement opposées; mais les émanations des sujets malades ou des cadavres en putréfaction auraient trompé mes sens, si je n'avais remarqué que les affections qui nous occupent ne se développent jamais par les émanations des autres maladies, que les sujets soient groupés vivants, ou à l'état de putréfaction. Il faut, pour que le mal se propage, des sujets ou des cadavres infectés.

Il s'agit maintenant, pour éclaircir la question, de trouver les *causes* qui font naître ces maladies spontanément.

C'est là, Messieurs, que la médecine a été légère, ridicule même, en s'appuyant, dans sa détresse, pour expliquer le développement des épidémies infectieuses, sur les *constitutions atmosphériques*, sur les *émanations de toute nature*, sans s'imposer de nouvelles recherches.

La science médicale, si riche d'ailleurs, n'est, comme le dit *Bœrrhave* à l'égard des causes de ces maladies qui sont foncièrement toutes de même nature, qu'un *chaos d'opinions hétérogènes et de principes mal assis sur des idées confuses.* Pour le reconnaître, Messieurs, il faut lire les immenses travaux que *Fuster* a publiés sur ce sujet depuis 1840. Ce savant a passé 16 ans de sa vie à commenter les auteurs de mérite qui ont écrit sur ce sujet depuis Hippocrate, et, appuyé sur des erreurs, il s'est épuisé en conjectures pour démontrer qu'il y a des *maladies de printemps, d'été, d'automne et d'hiver, susceptibles de transformations pernicieuses, sous l'influence de la perturbation et du chevauchement intempestif des constitutions médicales des différentes saisons.*

Des eaux.

Les eaux courantes ou stagnantes, les terrains marécageux ou humides, les intempéries, les brouillards, les abreuvoirs de toute nature, se sont montrés tour à tour en coïncidence avec ces maladies ou en dehors de leur développement.

Des lieux.

Les habitations, dans toutes les conditions usuelles, ont été inutilement déplacées, refaites ou améliorées dans un grand nombre de fermes, et l'on a naguère, à Niort, vu le 3e régiment de chasseurs perdre dans une caserne d'un nouveau modèle 153 chevaux en 21 mois, par des avoines humides, moisies dans des greniers neufs, et le 1er hussards venir ensuite supporter, dans la même garnison et proportionnellement, des pertes jusqu'à une époque que j'avais déterminée parce que j'en connaissais la cause.

J'ai, dans mes observations expérimentales, considéré ensemble et séparément les ***arrêts de transpiration***, ***le travail***, ***le repos***, ***les agglomérations***, ***les soins hygiéniques plus ou moins suivis***, ***la bonne ou la mauvaise nourriture***, ***les privations***, ***etc.***, ***etc.*** Ces différentes conditions ont fait naître à mes yeux, dans le cours de trente années, bien des affections; mais les maladies typhoïdes et infectieuses ne se sont jamais déclarées, sans qu'au préalable les ***animaux n'aient consommé des vivres comportant des cryptogames.***

Remarquez bien, Messieurs, qu'ayant été pendant 20 ans seul vétérinaire dans le pays, je pouvais, sur les lieux des sinistres, partout pénétrer et surveiller à mon aise les récoltes sur pied, toutes les ***causes présumées*** et l'origine des maladies sur des animaux stationnaires. Reportez-vous là, et vous concevrez, Messieurs, que je pouvais obtenir, sur une grande et régulière échelle, en étiologie, des résultats qui sont impossibles aux professeurs dans les conditions où les place l'enseignement médical.

Les observations que vous devez aux médailles et aux prix que vous distribuez tous les ans, ne sont pas toujours propres à vous éclairer; car on voit mal par les yeux des autres, surtout en étiologie.

Du reste, dans mes recherches, qui n'ont pas eu d'interruption, je n'ai remarqué d'exception, concernant la cryptogamie, qu'à l'égard des *affections charbonneuses*.

Cet obstacle que j'ai voulu approfondir m'a entraîné à des recherches spéciales sur la nature de ces maladies, et, après six années d'un travail soutenu, j'ai pu reconnaître que la médecine vétérinaire confond, sous le nom impropre de charbon, deux genres de maux différant par leur *cause* et par leur *nature* : l'un, *adynamique* et *gangréneux*, est lié aux affections typhoïdes, dont il constitue la fin funeste, et l'autre, *virulent et géologique*, n'est lié à aucune maladie, et ne présente ni adynamie ni gangrène.

Du charbon gangréneux.

Cette affection est de nature typhoïde et dépend de cryptogames introduits dans l'économie par des aliments *préalablement* altérés.

Du mal virulent (1).

Ce mal dépend exclusivement de fourrages ou pacages nés sur certains terrains argileux, plastiques, bien réussis, sans moisissures.

(1) *Analyse du sol des prés de Saint-Symphorien, près Niort, sur lesquels le* mal virulent (*dit charbon*) *est permanent quand ils ne sont pas fumés ou amendés, par* M. LASSAIGNE, ex-professeur à Alfort.

SUR 100 PARTIES :

Argile ferrugineuse mêlée d'une petite quantité d'humus,	50
Terre calcaire carbonatée de chaux, mêlée d'une trace de magnésie,	34, 9
Humidité,	15
Ensemble,	99, 9

Principales plantes de ces prairies, qui ne fournissent de légumineuses que lorsqu'elles sont fumées.

1° Festuca diuruscula. 2° Festuca heterophilla.
3° Festuca bromoides. 4° Festuca pratensis.
5° Pou nemoralis. 6° Bromus mollis.
7° Arrhenatherum elatius. 8° Dactylis glomerata.
9° Melica uniflora.

Du charbon gangréneux.	*Du mal virulent.*
Cette affection peut naître dans tous les lieux; elle est épizootique et transmissible par principe volatil, elle peut faire irruption et s'étendre au delà du lieu de sa naissance.	Ce mal ne peut naître que dans les localités argileuses; il est enzootique et ne peut se transmettre que par inoculation, sans pouvoir sortir du lieu de sa naissance.
Elle est commune aux animaux domestiques et à l'homme.	Il est particulier aux animaux domestiques herbivores.
Elle existe sur tous les points de l'économie où l'on peut reprendre le principe morbide.	Il n'existe que dans la partie malade, et on ne peut pas prendre le virus ailleurs.
C'est la maladie des années de grandes pluies, des sols riches, où les récoltes sont souvent à la fois avariées et moisies.	C'est le mal des années de grandes sécheresses, des sols ingrats et des récoltes les mieux réussies, sans moisissures.
Elle est rapide et souvent précédée de symptômes de stupeur.	La maladie est foudroyante et ne présente aucun symptôme précurseur.
La conjonctive est pâle, jaune ou d'un rouge plus ou moins livide et pétéchié.	La conjonctive ne change pas sa couleur naturelle.
A l'extérieur les tumeurs croissent sensiblement et tendent à s'infiltrer dans les parties déclives par une sérosité plus ou moins colorée. Elles s'abcèdent quelquefois et sont indolentes.	A l'extérieur les tumeurs croissent rapidement et tendent toujours à monter. Un virus jaune d'or les caractérise; elles ne s'abcèdent jamais et sont chaudes et sensibles.
A l'intérieur, le sang est altéré, beaucoup de globules, peu de fibrine; les chairs sont plus ou moins décolorées, livides et infectes, et le principe morbide détruit tous les tissus qu'il traverse, et où il fait son principal lieu d'élection.	A l'intérieur le sang est naturel ainsi que les chairs. Le mal est particulier au lieu de dépôt, d'où le virus gagne le centre de la vie par le tissu cellulaire, sans altérer les organes qu'il traverse.

Il y a engorgement des ganglions lymphatiques particulièrement autour du mésentère.	On ne remarque jamais rien de tout cela dans les ganglions mésentériques.
La rate est souvent affectée ; le sang alors est noir et infecte.	La rate est souvent affectée ; le sang alors est noir et poisseux sans odeur.
Les ecchymoses, au lavage, laissent voir les tissus désorganisés et livides.	Les ecchymoses, au lavage, laissent voir les tissus sous l'aspect de déchirures.
C'est le mal qui ravage la Beauce.	C'est le mal qui ravage la Sologne (1).

Lorsque les fourrages qui causent le mal virulent sont moisis, les animaux qui les consomment peuvent contracter les deux maladies à la fois.

Cette complication, comme on peut le penser, m'a d'abord arrêté et a rendu mes recherches plus pénibles. Je crois que ces phénomènes ont beaucoup contribué à dérouter l'observateur et à enrayer la science.

Ces maux redoutables, désormais bien caractérisés, enlèvent à l'agriculture, au commerce et à la consommation, les plus beaux bestiaux, car ce sont ceux qui se nourrissent le mieux qui périssent les premiers. On trouve toujours des faits à l'appui de *ma cause*.

La distinction bien tranchée de ces maladies m'a heureusement guidé pour la *découverte* de leur *cause et des moyens de les prévenir et de les combattre.*

M. Delafond, d'Alfort, homme dévoué à la science, à

(1) Le charbon gangréneux est la maladie qui détruit impunément les bestiaux de la Beauce, et le mal virulent est celui qui sévit avec tant de fureur sur les bestiaux de la Sologne.

Les causes étant connues, les moyens préservatifs sont devenus faciles pour chacune de ces contrées : en Sologne, il *suffira d'apporter dans les prés certains fumiers, certains amendements.*

Pour la Beauce, le moyen est aussi simple : *il suffit d'éviter les moisissures*; mais ces petits parasites sont si subtiles, que le cultivateur peut se laisser surprendre, s'il n'est attentif.

l'une de vos séances, le 13 novembre dernier, me proposa d'aller à Monerville (Seine-et-Oise), chez M. Mareille, cultivateur renommé de la Beauce, pour y observer le charbon qui, en quelques jours, avait frappé mortellement quatre vaches dans une écurie fort belle et bâtie tout exprès pour arrêter le mal. Ayant accepté avec empressement l'offre du savant professeur, je vis d'abord à Étampes M. Vedil, vétérinaire dont les victimes avaient reçu les soins, et qui s'empressa de m'accompagner sur les lieux. Mon confrère et moi nous ne trouvâmes à Monerville aucun animal malade, mais j'y recherchai la cause des sinistres.

Dans cette exploitation, je fis voir à ces Messieurs, sur des fourrages artificiels, *bottelés* (mode très-dangereux) et placés dans des fenils d'une construction vicieuse, toutes les conditions cryptogamiques que j'avais prévues à l'aspect de la nature du sol; et, pour empêcher le retour du fléau dans les écuries de M. Mareille, je recommandai à cet agronome intelligent de ne plus botteler ses foins à l'avance, de les engranger sous des hangars ouverts de tous côtés, ou, pour mieux faire, de les exposer dehors en les couvrant de chaume, comme cela se pratique si fructueusement, dans le pays, pour les blés.

Ce moyen préservatif très-simple, appliqué sur tout le plateau de la Beauce, délivrera cette belle contrée du charbon gangréneux qui, depuis des siècles, y décime les plus beaux bestiaux, y déroute et y décourage les vétérinaires, en propageant l'empirisme qui, appuyé sur l'impuissance de l'art, s'engage effrontément à arrêter les progrès du mal dès que la fin arrive.

Mais pour la *Sologne*, qui a tant excité la sollicitude de l'Empereur, et pour une foule de localités que j'ai mentionnées plus haut, où le *mal virulent* porte si malheureusement ses redoutables coups, et où il n'est pas question de *champignons* dans l'espèce, c'est sur le sol qu'il faut agir par des amendements, puisque c'est la nature même du terrain qui, avec de certaines conditions, imprime aux plantes des propriétés si pernicieuses.

En Beauce, comme en Sologne et comme partout ailleurs, les gens de l'art ont des avis bien partagés sur *les causes :* ainsi, des trois vétérinaires que j'ai vus à Étampes, l'un accuse les *pommes de terre*, l'autre les *betteraves*, et le troisième, M. Vedil, suivant les préceptes d'Orfila, prétend que c'est un *empoisonnement*. Cette dernière opinion est vraie; mais le nouvel adepte ne soupçonne pas plus que ses devanciers la nature du poison.

Les pommes de terre et les betteraves, invoquées en ce sens, se rattachent assez aux principes de la médecine humaine, où, suivant la *saison* et l'*abondance*, on produit les fruits et les melons comme la source des épidémies.

Ici, mes deux premiers confrères de la Beauce ont saisi chacun sur le fait une cause déterminante qui, de même que le melon du médecin, le *vert* et en général tout régime nouveau et débilitant surtout, est venue apporter dans l'économie animale une perturbation capable de l'entraver dans ses moyens d'élimination contre un principe morbide résultant d'une mauvaise nourriture comportant des cryptogames, et de manière à précipiter sur quelque organe l'*agent toxique* qui séjournait dans le sang à l'état d'incubation.

Ce phénomène trompeur fait toute la force du système d'Hippocrate qui, lui aussi, avait saisi sur le fait les *causes déterminantes* qu'il a, d'une manière très-ingénieuse, concentrées dans ces trois aphorismes : les *airs*, les *eaux* et les *lieux*.

Ce grand homme était *là*, ainsi qu'Orfila et mon confrère d'Etampes, M. Vedil, dans le vrai ; mais ils prennent les causes déterminantes pour la cause première ; le *génie épidémique* désigne nos *végétaux microscopiques* qui n'avaient pas été *saisis*.

Voilà, Messieurs, le principe à consacrer. Ainsi, je suis loin d'exclure de ma pensée cette vérité que les *airs*, les *eaux*, les *lieux*, le *melon* du médecin, etc., causent quelques maladies; mais si l'état d'incubation que je viens de signaler n'existe pas chez les sujets, soit par un régime antérieur mauvais et cryptogamisé, soit par infection, le mal sera fixe, individuel, et constant dans sa marche; jamais il ne sera typhoïde ni transmissible à distance; car ces propriétés sont particulières à la cause que j'accuse; elles atteignent, à la vérité, des degrés très-variables, parce qu'elles tiennent de la nature de nos subtiles végétaux vénéneux, dont les nombreuses variétés sont, dans leurs effets, soumises aux influences des localités, à celles des saisons, des climats, des latitudes, etc.

Avec un système étayé sur des bases si palpables, il sera enfin donné de prévenir ou de faire naître à volonté les épidémies et les épizooties dont nous nous occupons ici. Je n'eus pas plutôt constaté ces vérités dans le Poitou, que je parcourus les pays de mortalités, et partout j'ai vérifié la valeur de mes principes.

La nature, l'organisation et les fonctions des animaux étant matériellement semblables à celles de l'homme, j'ai, dans mon plan de recherches expérimentales, fait marcher de front comparativement mes observations sur les épizooties et sur les épidémies. Les premières ont présenté moins de difficultés, non pas précisément parce que de ce côté j'étais plus spécial, mais parce que l'homme dans ses habitudes, par le régime et par les besoins qu'il se crée, s'éloigne plus de l'état de nature, et que, pour ce qui le regarde, le moral, les manutentions, la transformation des aliments et la coupable cupidité des spéculateurs cachent à l'observateur les causes morbides déjà difficiles à saisir, et entravent les influences et le cours des maladies.

Ces recherches ne peuvent d'ailleurs être faites qu'à la campagne, où tout est simple et naturel; j'y dirigeai sérieusement mes études pratiques vers l'homme, et j'ai reconnu que le même ordre de *causes* produit sur nous la même nature de maladies.

Si, pour l'espèce humaine comme pour le bétail, les maux sont plus fréquents dans des habitations, dans des localités et sur des terrains humides, que sur des lieux de conditions opposées, cela tient aussi à ce que les substances alimentaires y étant d'une contexture plus large et plus aqueuses, s'y moisissent plus rapidement, soit dans les greniers, soit dans les charniers.

Et j'ai constaté en même temps qu'on peut, au sein même des marais, braver les épidémies en soignant convenablement les denrées, qui, dans ce cas, sont plus difficiles à conserver; tandis que, dans les pays secs et élevés, les conditions locales et les denrées sont des obstacles qui cependant sont franchissables dans certaines conditions par la *cause*, ce qui explique pourquoi le mal y est rare.

Ceux qui font moudre le plus de grains à l'avance, sous le futile prétexte que les vieilles farines donnent plus de pain parce qu'elles s'imprégnent d'une plus grande quantité d'eau, en deviennent les victimes; car les derniers sacs sont souvent envahis par les cryptogames, et surtout dans les parties voisines du sol sur lequel on les couche souvent. J'ai surpris des farines prises en masse tout autour des sacs, et répandant une odeur manifeste de moisissures visibles ou invisibles au microscope, et j'ai vu les sinistres survenir à la suite; car le consommateur, par intérêt ou par ignorance, mange les farines moisies, comme les boulangers en emploient tant, sans qu'on s'en plaigne, parce que le mal que j'ai suivi se développe toujours longtemps après la cause qui a ainsi échappé à l'observateur. De là des conjectures, des systèmes sans cohérence.

Je me suis, pendant longtemps, mis en rapport avec des garçons boulangers que j'intéressais; j'ai reçu d'eux de nombreux échantillons de farines moisies, pris contre les murs ou dans des sacs qui avaient séjourné plus ou moins de temps en des lieux frais et humides, et je les ai entendus dire que, parfois, ils sont obligés de découdre les sacs pour en extraire le contenu (1); enfin j'ai vu beaucoup d'altération et pas de rebut. Il n'est pas rare pourtant de voir au Mexique brûler sur les places publiques de grandes quantités de farines avariées.

La surveillance, chez nous, préviendrait les altérations; j'en sais, du reste, à cet égard plus que je n'en veux dire.

Les Noirs, qui vivent de manioc ou de toute autre substance fraîche (2), comme nos campagnards qui se nourrissent de châtaignes ou de pommes de terre, substances qu'on prépare à l'instant, ne contractent point de fièvres typhoïdes. Cette vérité trouve son pendant dans les animaux qui circulent librement dans les pacages, ou qui consomment des foins conservés dehors et exempts de moisissures.

Si, comme l'a écrit M. Roche-Lubin, les porcs périssent dans l'Aveyron en grande quantité par le charbon, il faut l'attribuer aux aliments avariés qui sont ordinairement le partage de ces êtres voraces, et surtout aux châtaignes de rebut qu'on leur jette, lesquelles portent

(1) J'ai pu facilement constater par les garçons que les pratiques des boulangers qui emploient des farines moisies et des minotries ont plus de clients thypoïdes que ceux qui se servent de farines fraîches provenant de petits moulins.

(2) Les noirs libres contractent la fièvre typhoïde comme les blancs, parce que, comme eux, ils vivent de farines venues de loin et moisies.

sous les plis de leur enveloppe des champignons d'un ordre très-pernicieux (1).

Avec ces documents, Messieurs, on peut franchir la frontière et aller, en dépit même de toutes les facultés réunies, porteur des moyens préservatifs, régler enfin la *cause* tant recherchée du typhus contagieux des bêtes à cornes, affection non moins vagabonde que le choléra, laquelle est venue, par les bœufs d'approvisionnement, dépeupler de bestiaux le nord de la France, toutes les fois que les armées russes ont paru dans les contrées voisines de notre patrie.

Cette maladie ferait bientôt le tour du monde, si les bœufs de Hongrie voyageaient.

L'Orient, l'Inde et l'Amérique, où règnent la peste, le choléra et la fièvre jaune, ont grande hâte de connaître mes découvertes. Pourquoi tarder? existe-t-il un système plus facile à expérimenter, et présentant des avantages plus dignes d'intérêt?

Est-ce le hasard qui m'a guidé dans mes travaux, et ai-je pu dévoiler ces vérités sans les recherches les plus pénibles et les mieux arrêtées?

Les savants voués à l'enseignement, liés aux académies et habitant les grandes villes, pouvaient-ils faire des découvertes de ce genre? Non, Messieurs; il fallait demeurer longtemps sur le théâtre des sinistres, commencer jeune, avoir une volonté ferme et un certain esprit d'observation. Il a fallu scruter les denrées alimentaires pendant la croissance, pendant la récolte et dans les lieux d'approvisionnement, suivre l'état des individus stationnaires qui s'en nourrissaient, et tout sacrifier à l'intérêt de la chose et à son importance. Il fallait faire ses preuves, annoncer les maladies, et donner par écrit, lontemps à l'avance, comme je l'ai fait à ce sujet, des avertissements dans beaucoup de maisons, dans des communes et à

(1) J'ai constaté ce fait sur les lieux.

la France entière, comme je l'ai fait concernant les épidémies et les épizooties de 1853 et 1854, afin de se présenter devant les savants armé de pied en cap, et bien déterminé à faire le siége de la place sur la moindre résistance (1).

Telle est ma position, Messieurs ; il y a désormais deux systèmes étiologiques : celui d'Hippocrate et le mien. Mon prédécesseur fut un grand génie ; c'est l'Atlas de la science

(1) Aussitôt les mauvaises récoltes de 1852 et 1853, j'ai annoncé les fâcheuses épidémies et les épizooties de 1853 et 1854. Là j'ai pu encore à mon aise, suivant l'état des denrées alimentaires, annoncer la venue du mal et le conjurer dans différentes maisons ; aussi j'ai dit, lors de l'arrivée à Niort de grandes quantités de farines moisies venant de Rochefort et de la Rochelle : « La ville sera envahie et infectée par une épidémie ; mais la communauté des dames Malchain, » qui cependant est située sur les bords de la rivière, près des tanneries, n'aura pas de typhus, tandis que le 7e lanciers, qui habite » une caserne placée dans la partie la plus élevée de la ville, perdra » ses vigoureux soldats. »

Sur 500 lanciers qui furent atteints du mal que j'avais prédit, 80 sont morts, et la communauté n'a pas eu un typhoïde sur les 100 personnes frêles qui composaient son personnel. Les premiers mangeaient des farines comportant des moisissures invisibles à l'œil nu, et les religieuses consommaient des farines franches préparées par un *honnête homme*, et l'épidémie a fait de grands ravages en ville, à la suite de l'emploi des farines dont j'ai parlé plus haut.

Il y aura en 1857, au printemps, de nombreuses épizooties dans les contrées qui, en 1856, ont été inondées ; alors les effluves qu'on accuse si gratuitement auront disparu. Les fourrages inondés ne causent ces maux que quand ils ont été envahis par les moisissures, et cela longtemps après avoir été consommés et par suite d'un changement de régime.

Avez-vous quelquefois entendu parler de faits pratiques de ce genre? Non, Messieurs ; il n'y a que moi qui ai pu les faire et qui peut vous apprendre à les faire.

Remarquez que si, comme le dit M. Samson, j'ai élargi le cadre des affections typhoïdes, ce qu'on trouve ridicule, c'est tout simplement parce que je leur ai reconnu des maladies externes, telles que les *dartres*, le *farcin*, le *crapaud*, l'*éléphantiasis*, *etc.*, affections résultant d'un effort de la nature chassant le principe morbide au dehors.

médicale, qui, s'étant engagé dans la carrière avec les faibles lumières de son temps, a suivi une fausse voie dont il a cherché à sortir en créant son *génie épidémique*. Mais il est grand temps de faire bonne justice de cette fiction des temps reculés, et de faire la part à ses théories à l'aide desquelles il n'a pas été possible de prévoir ou de prévenir les maux même les plus vulgaires.

C'est, j'en conviens, un échafaudage ingénieux, entraînant, mais érigé sur des faits sans bases bien déterminées dans leur origine, et sur des conjectures qui ont dominé les esprits jusqu'à notre époque de progrès, parce que personne n'avait encore osé le soumettre à l'épreuve.

De la contagion.

Le phénomène par lequel une maladie se transmet à distance et se propage successivement d'un individu à un autre, ce qui n'a jamais été bien apprécié, suppose un atome germinateur doué comme l'œuf, la graine, la greffe, etc., de certaines conditions vitales. Cet atome aériforme, s'exhalant du malade tout saturé du principe morbide, s'attache à un nouveau sujet qui l'absorbe, et, en s'y introduisant par les voies de la respiration, il se multiplie dans le système et y cause ses ravages.

Fidèle à son origine, le principe germinateur et contagifère dédaigne le plus souvent les espèces qui lui sont étrangères.

Les traces des cryptogames ne sont pas, dans les maladies internes, à part les mélanoses, aussi saisissables que dans les affections externes, telles que la *teigne*, les *dartres*, l'*éléphantiasis*, la *lèpre*, etc.

Les cryptogames végètent franchement dans la muscardine des vers à soie, parce qu'ils rencontrent dans ces insectes une force vitale se rapprochant de leur nature et ayant moins de puissance pour les transformer. Aussi, ces parasites, déjà animalisés par eux-mêmes (phitosoès de Linné), exercent-ils tout leur empire dans les maladies infectieuses du règne végétal. Cependant les rameaux les plus vigoureux résistent à leurs attaques, comme les animaux les plus substantiellement nourris luttent contre la contagion.

Phénomène qui explique pourquoi tant d'auteurs, trompés par les expériences, ont nié et nient encore la propriété transmissible de la plupart de ces maux.

Il est cependant bien démontré, par mes écrits et par ce qui a été dit sur la cryptogamie végétale, qu'à la suite de certaines années intempestives, nous pouvons, en même temps, être frappés de disette et de mortalité générale par un poison aériforme doué d'une grande fécondité et d'une subtilité qui lui permet de franchir de longues distances et de pénétrer dans les réduits les plus cachés. Ainsi, mes découvertes, quelque simples qu'elles puissent paraître, étant bien saisies et bien ordonnées, tendent à prévenir les premières de ces calamités, et elles sont par conséquent destinées à conduire à des résultats de la plus haute portée pour les animaux.

Je ne viens point, Messieurs, solliciter votre approbation. Vous ne pouvez pas, par un rapport fait dans le cabinet, approuver ou improuver les saisissantes vérités que j'ai produites et que le ministre vous a soumises. Vous ne pouvez, à cette heure, que répondre catégoriquement à la demande, comme l'a fait le jury de l'école de Toulouse, et déclarer nettement si mes travaux méritent oui ou non un *sérieux examen*.

Et puisque la science est infirme sur ce point, vous sentirez ensuite, je n'en doute pas, le besoin d'aller sur les lieux des sinistres, pour y élaborer la question et vous éclairer de manière à pouvoir fixer franchement la religion du ministre sur l'importance de travaux auxquels il a, lui-même, déjà reconnu une certaine valeur, puisqu'il vous consulte.

Puissiez-vous, Messieurs, présenter à Son Excellence mon système dégagé des barricades dont on l'a entouré dans le rapport, et émettre le vœu désirable de voir, dans l'intérêt de l'humanité, ordonner que cette grande question soit étudiée et approfondie (1).

Le système étiologique que je vous présente ne peut certainement pas être expérimenté tout d'un coup; mais il est urgent que le gouvernement apprenne, par votre organe, que je propose de faire disparaître à volonté, par des moyens *simples* et peu *coûteux*, le charbon qui ravage la *Beauce* et les plus fertiles contrées de la France, et que je fais une semblable proposition à l'égard de la *Sologne* et des pays argileux de même nature, où sévit si cruellement un autre genre de mal que la médecine confond avec le charbon de la Beauce, bien qu'il en diffère essentiellement. Mais les moyens à employer sont *différents*, également *faciles* et peu *coûteux*.

Je tiens aussi beaucoup à ce que ce savant homme d'État n'ignore pas que je puis bannir pour jamais la *morve* et le *farcin* des lieux où ces affections hideuses règnent habituellement.

Ces succès étant infaillibles, ils provoqueront, de la part du gouvernement, des opérations autrement importantes et dignes en même temps de la France et du grand prince qui la gouverne.

Songez-y, Messieurs, car si vous adoptiez le *labyrinthique* rapport qu'on vous propose d'adresser au ministre, vous déchargeriez son auteur des infidélités qui le caractérisent, et vous en revêtiriez toute la responsabilité !

Eh ! pouvons-nous espérer voir se renouveler chez

(1) Que signifie cette commission locale qu'on propose au ministre d'établir en Poitou, si ce n'est qu'on voudrait me mettre en rapport avec des voisins rivaux qui ont désorganisé une société vétérinaire que j'avais fondée, et qui fonctionnait *parfaitement ?*

nous, pour mes découvertes, ce qui eut lieu en faveur de celles d'Hervay en Angleterre, où un prince intelligent, s'apercevant du mauvais vouloir des envieux, franchit les obstacles, et facilita à ce savant les moyens de démontrer les phénomènes de le circulation du sang, inconnus alors, comme la cause première des épidémies et des épizooties est inconnue aujourd'hui?

Vous ne rencontrerez pas de longtemps une plus belle occasion de servir le pays; saisissez-la, Messieurs, car après l'art militaire, où l'homme fait si ostensiblement le sacrifice de sa vie, la médecine comparée offre, sans contredit, eu égard aux maladies qui déciment impunément le civil et l'armée, l'occasion la plus favorable.

En découvrant les moyens de prévoir et de prévenir ces pernicieuses affections, je crois avoir fait une grande conquête, laquelle, en glorifiant la France, doit réjaillir heureusement sur les autres nations civilisées.

Encore un mot : je ne doute pas que, si, au lieu de communiquer *généreusement* mes idées, je les eusse réservées, en proposant les moyens préservatifs, elles n'eussent, à cette heure, été expérimentées et adoptées; d'où il suit que possédant un traitement curatif des *dartres invétérées*, je vous prie d'en recevoir les détails sous ce pli, dont vous n'ordonnerez l'ouverture qu'à ma demande ou à celle des miens.

Poitiers. — Imp. de A. DUPRÉ.

www.ingramcontent.com/pod-product-compliance
Ingram Content Group UK Ltd.
Pitfield, Milton Keynes, MK11 3LW, UK
UKHW020530180726
13839UKWH00005B/2427

9 782329 577401